JC総研ブックレット　No.12

# ダイナミックに展開するヨーロッパの農業協同組合

和泉 真理◇著
石田 正昭 ◇監修

# 監修者巻頭言　日本の総合農協と何が違うのか

龍谷大学農学部　教授　石田正昭

本書は「ＥＵ農業・農村・環境シリーズ」の一環としてヨーロッパ、なかでもイタリア、ドイツの農業協同組合に焦点をあて、その現状を事例的に報告しています。おそらく筆者は、これらの協同組合の紹介によって日本の総合農協との違いを浮き彫りにしようと考えているように思います。

かくいうわたしも毎年のようにヨーロッパの協同組合を訪れ、日本とヨーロッパの協同組合の違いを皮膚感覚で知ろうと努めています。残念ながら協同組合論という研究分野では、日本のすぐれた事例が数多くあるにもかかわらず、輸入超過の状況に陥っています。これから改善していかなくてはなりません。

さて、その彼我の違いですが、以下では本書を読んで感じたことをいくつか述べてみたいと思います。

第一は、ヨーロッパの専門農協と日本の総合農協という事業構成の違いです。第3章の「ドイツの農業協同組合の主要指標」でも「多目的・資材供給など」として紹介されていますが、ドイツにもライファイゼンバンクという名の総合農協はあります。戦前日本の産業組合がお手本とした協同組合ですから、あって当然なのですが、しかし、それが経営的に安定した協同組合かというと決してそうではありません。その大きな流れは信用事業と経済事業とを分離させ、経済事業は合併によって大規模化する一方、信用事業は市街地の信用組合（フォルクスバンク）と統合してライファイゼンバンク・フォルクスバンクという名の信用組合に特化するというものです。いいかえれば、単一目的の協同組合に分化しつつあるということです。ケルナーバンクはまさにそのような一例なのです。

これから日本の総合農協もそういう道を歩むのかもしれませんが、わたしはその方向の追求は望ましいものだとは思っていません。その理由はいくつかありますが、その最大の理由は総合農協という協同組合に対する組員の「思い入れ」が違うように感じるからです。ドイツでは信用事業と経済事業とを兼営する協同組合のことを総合農協とは呼んでいません。何と呼んでいるのかというと、表1（39頁）に示されているように「マルチパーパス」、すなわち「多目的」という用語が使われています。

日本の総合農協に対応するものが、ドイツでは多目的協同組合というわけです。ここで目的とは事業を指しています。ですから「多事業協同組合」と名乗っていることに等しいのです。単刀直入な表現かもしれませんが、そこには目的イコール事業という機能的な理解が広がっているように感じます。われわれが総合農協と表現するものとは大きな違いがあるといってよいでしょう。

われわれがいう総合農協を理解するには、協同組合の目的とは何かということを理解しなければなりません。総合農協の目的は、販売だ、信用だ、その両方だ、という声が聞こえてきそうですが、そうではありません。それはドイツ的な理解の仕方です。日本的な理解は「福祉の向上」なのです。

ここで「福祉」とは、高齢者介護などで使われるような福祉ではありません。英語ではウエル・ビーイング（well-being）に相当するもの、わかりやすくいうと「幸福（しあわせ）」、厳密にいうと「生き方の幅」に相当するものです。

「生き方の幅」とは、「こうしたい（行為）」と「こうありたい（状態）」に関する選択の幅を意味しています。この幅の広いことが幸福（しあわせ）をもたらす基本条件となるのです。封建社会や貧困社会、あるいは専制政治の社会では、この「生き方の幅」は極端に狭められています。あるいは移住を余儀なくされている原発事故の被害者たちも同じ状況にあるといってよいでしょう。

協同組合の目的は、この生き方の幅を広げること、すなわち「福祉の向上」にあるというわけです。ですから総合農協の行う数々の事業は、たとえ用語的には目的と表現されていても、本質的には「福祉の向上」という大目的を実現するための手段、すなわち小目的に相当すると考えなければなりません。事業は小目的、大目的は「福祉の向上」、これが総合農協という名称に込められた日本人の思いだといってよいでしょう。

第二は、協同組合の主権者である組合員の性格の違いについてです。ここで「違い」と表現しましたが、じつは彼我で違わない、「違わないのだから、主権者らしくふるまえ」というのがわたしの主張です。

しばしばヨーロッパでは、協同組合のことを「シビル・ソサエティ（市民社会）の一員」と呼んでいます。ここで市民とは、英語ではシチズン、ドイツ語ではヴュルガーと表現されるものです。近代的な市民革命を実現した人たちを指すものとして「市民」という用語が使われています。そして、この市民たちがつくる「自由・自主・

民主」の連帯組織が協同組合だという理解が広がっています。

いっぽう日本では、市民とは都市に住む人たちであって、農村に住む人たちは市民ではなく地域住民だという理解が広まっています。この理解は市民の「市」が都市を表すものだという認識から生まれたものです。でもそれは間違った理解です。

日本語で正確に表現しようとすれば、シチズン、ヴュルガーは「公民」という用語を用いるのが適当です。ここで「公民」とは、地域社会に定住し、その地域社会の発展に責任をもつ人たち、という意味をもっています。それはある場合には、納税者という意味でも使われるでしょうし、またある場合には、わが領土を守るうえで何かあれば直ちに武器をもって戦う、という意味としても使われるでしょう。

では、その公民とみなされる「定住者として地域社会の発展に責任をもつ人たち」は日本のどこにいるのでしょうか。辞令ひとつで各地を転々とするサラリーマンたちでしょうか。あるいは国際的に活躍する一流企業のビジネスマンたちでしょうか。そうではありません。

住んだ土地から離れない、それも何世代にもわたって離れない、そしてその地域社会の発展に責任をもつ人たちといえば、それは農業者にほかなりません。彼らは「一所懸命」と表現されるように、太閤検地以来、何世代にもわたってその地域を守ってきた「守り人」あるいは「公民」なのです。

とりわけ、その「公民」としての意気込みは、総合農協の役員をやるような農業者のリーダーたちに感じることがしばしばです。これと同じ皮膚感覚は洋の東西を問わず、ドイツ、イタリア、スペインなどの農業協同組合でも得ることができます。ですから、農業者のリーダーたちこそ、協同組合の真の担い手といってもよいのです。そういう点では日本の総合農協に彼我の違いはありません。

第三は、それにもかかわらず、農業協同組合の構造に彼我の違いを感じることも確かなことです。何が違うかというと、「補完性の原則」が貫徹されているかどうかという点です。

補完性の原則とは、「自分でできることは自分でやる」「自分だけでできないことは周りの者と連帯してやる」「周りの者との連帯だけでできないことは、より大きな連帯をつくってやる」という協同の原則です。いうならば協同組合とその系統組織は「下からつくられる」という原則ですが、これが日本では貫徹されていません。

貫徹されていない理由は、日本の総合農協とその系統組織が「上からつくられた」という歴史的事実によるものです。もともとは日本にも「下からつくられた」自生的な協同組織はありました。しかし、近代化を急ぐ過程でそれがいつしか官製的なものにつくり変えられていったという歴史があります。地域農協―都道府県連合会―全国連合会というのは形としては非常にきれいですが、何か人工的な臭いを感じさせます。

これに対して、たとえばイタリアの〝コンソルツィオ〟というのは、日本でいう連合会に相当する二次的組織ですが、このコンソルツィオはわが国の連合会とは似て非なるものがあります。わかりやすくいうと、協同組合が連帯する過程で専門サービスごとに仲間づくりをはじめてしまい、そのサービスの受け手が連合会というよりもコンソーシアムタイプの事業連合となっているのです。ですから、協同組合自身がある種の専門サービスのコンソルツィオになっている場合もしばしば起こっています。

コンソルツィオが提供する専門サービスも、加工や販売はもちろんのこと、事業契約の獲得、教育・情報提供、調査・研究、協同組合間の調整、税務、コンサルティング、補助金申請など、非常に細かく分かれています。この結果、一次的組織の協同組合も二次的組織のコンソルツィオも日本と比べればはるかに規模が小さいという特徴がみてとれます。〝小さな協同〟を担保する協同組合システムが成立されているといってよいのかもしれません。

最後になりましたが、読者のみなさんには、以上のような違いを頭に入れて読み進むことをお勧めします。

# はじめに：ダイナミックに展開するヨーロッパの農業協同組合

ヨーロッパの農業は、家族農業を主体とし、多様な農業が展開され、長い歴史を持ち、チーズやワインなどの伝統的な加工食品が地域ごとに存在します。先進国の中でも日本の農業との共通点が多い農業が営まれています。一方で、ＥＵの共通農業政策という、28の多様な加盟国を1つの農業政策でカバーするという壮大な取り組みをしつつ、生物多様性など環境の保全、アルプスの山岳地帯など条件不利地域の農業の保全と振興、農業における再生可能エネルギーの生産と利用など、常に次の時代を見据えた新しい取り組みにどんどん挑戦してきました。ＥＵの農業政策の中には、日本の農業政策のモデルとなっている政策もいくつもあります。

筆者は、これまでヨーロッパの農業の現場や農業者の声を一般社団法人ＪＣ総研のＷｅｂ上の「ＥＵの農業・農村・環境シリーズ」やＪＣ総研レポートの中で紹介してきましたが、このブックレットでは、これら個々の事例を、テーマ毎に4冊に再編し紹介しようと思います。これによってヨーロッパ農業の特徴が明確になり、そこから日本の農業が多くのヒントを得られると期待するからです。

シリーズの1冊目となる本書は、ヨーロッパの農業協同組合を取り上げます。

言うまでもなく、ヨーロッパは協同組合発祥の地です。ロッチデールやライファイゼンから始まり、農業、信用、消費者（生協）などの分野で発達してきたヨーロッパの協同組合は、近年では再生可能エネルギー、環境、医療部門など新しい形態・分野に拡がりながら、協同組合という組織形態の持つ強味を活かして、さらに発展しているように感じられます。

特に、近年のリーマン・ショックに端を発する金融危機・経済危機の状況の下で、ヨーロッパの協同組合は他の企業形態に比べ経営や雇用面での耐性が強かったとの評価がなされています。また、財政難などにより地域の公的サービスが後退し、他方で人々の経済・社会・文化におけるニーズは多様化している中で、ヨーロッパにおいて協同組合は、現代の多様なニーズに適応できる組織としての再評価が進んでいると言えます。農業分野においてもしかり、です。

ヨーロッパで農業や食料に関わる調査をしていると、とても柔軟に協同組合が作られ、事業に取り組んでいることに驚かされます。私が近年のヨーロッパ調査で出会った協同組合には、オランダの複数国で事業展開する巨大な酪農協同組合、再生可能エネルギーとして風力発電に取り組む市民で構成されるデンマークのエネルギー協同組合、食の改善のために野菜農家を支援するイギリスの市民の組合、異なる生産物を作る農家30人ほどが作ったオランダの干拓地の販売組合、イタリアの4人の酪農家が作ったチーズ加工・販売のための組合などがありました。それぞれの組合の大きさも取り組みもまったく異なります。この多様さが、ヨーロッパの協同組合の魅力とも言えるでしょう。

本書では、その中から、イタリアの青果物の農業協同組合、ドイツの養豚及び豚肉加工の農業協同組合、ドイツの青果物の農業協同組合、そして協同組合の理念を貫いた経営に取り組むドイツの協同組合銀行、ヨーロッパの農業協同組合全体を代表する組織であるＣＯＧＥＣＡを紹介します。

「ヨーロッパで評価される協同組合」というと、農協改革の議論が進む日本とは逆の方向であると感じるかもしれません。しかし、各事例から明らかになるのはヨーロッパの農業協同組合も日本と同じような課題に直面しているということです。それに対するそれぞれの協同組合の対応のあり方は、日本のヒントになる点も多いと思います。

## 注

（1）本文中の現地通貨（ユーロ）の円への換算は、１ユーロ＝１３５円で行っています。
（2）本文中に記載されているデータは、調査時点のものです。新しいデータを紹介する場合は、巻末の注に記載しています。

# 第1章　イタリアの農業協同組合：アグリボローニャにみる農業協同組合の発展方向

イタリアの北部、ポー川の作った肥沃な平野が広がるエミリア＝ロマーニャ州の州都、ボローニャ市にある農業協同組合の1つ、アグリボローニャを訪れる機会がありました。主に規模の大きい農家を組合員に持ち積極的な販売事業や商社・カット事業への拡大を進めるアグリボローニャの活動の様子や、関連するボローニャ市の青果物流通の姿は、日本の農業関係者にとり示唆に富むものではないでしょうか。

## 1　アグリボローニャの概要

イタリアの農業協同組合は、青果物、酪農やチーズ、ワインなどの産品毎に作られるいわゆる専門農協です。アグリボローニャは主に青果物を扱う農業協同組合で、1999年にそれまであったいくつかの生産者の組合が合体して創設されました。取り扱っている野菜はサラダ用の葉物類、ズッキーニ・キューリ・メロンなどの瓜類、ナス、ジャガイモなど、果実はリンゴ、ナシ、ブドウなどです。

現在、約180の農家が組合員となっています。アグリボローニャの取扱量の8割は野菜、2割は果実となっており、2008年の売上高は3600万ユーロ（約50億円）でした。これに後述するグループ子会社の売上高を加えると、約1.1億ユーロ（約150億円）となります。重頭（2009年）によれば、イタリアの4つの全国連合に加盟している農業協同組合の数は６４３０組合、組合員数は約90万8千人、売上高は約３５０億ユーロで、イタリア国内の農業・食品産業の売上高の約3分の1を占めるそうです(1)。この数値と比べると、アグリボローニャは、組合員の数では平均並み（平均は１４０名)、売上高は極めて高い（平均は５４４万ユーロ）農業協同組合と位置づけられます。

イタリアでは同じ地域内に同じような作目を扱う農業協同組合が大小存在しますが、その中でアグリボローニャは大規模農家の比率の高い農業協同組合です。それは、アグリボローニャが「最終的に出荷できる状態の商品しか扱わない」とし、規格分けや箱詰めを組合員自身がやることになっているからです。その代わり、アグリボローニャの手数料は売値の10％と低くなっています。他方、農家が大きなカートンに収穫物を入れて農業協同組合に持ち込み、農業協同組合で出荷のための調製・包装をするような場合には、農業協同組合のマージン率は30～40％になるそうです。アグリボローニャは単に農産物を生産するだけではなく、自分で売り先を見極めたい、自分の手取りを増やしたい農家で構成される農業協同組合であり、必然的に大規模農家の比率が高く、小さい農家は農業協同組合から抜けて行く傾向にあるそうです。とは言っても、70代の老夫婦で営む年商３００万円程度の小さい農家から、年商4億円といった大きな農家まで組合員はさまざまだ、と営農指導部門の責任者であるマルコ・キャンディニさんは説明してくれました。

アグリボローニャの組合員はこれまでボローニャ市が州都となっているエミリア＝ロマーニャ州の農家に限っていましたが、２００９年から州外の組合員の加入も認めるようになりました。キャンディニさんの説明によると、イタリア人は地方根性が強い上、この農業協同組合は経営が上手くいっているので既存の組合員は会員をあまり広げたくないという考えなのですが、他の農業協同組合との競争が激化し取扱量を増やさなくてはならないので、他州からの組合員に入ってもらうことにしたそうです。全体の傾向として、組合員数は徐々に増えているとのことでした。

アグロボローニャは、協同組合である本体の下に3つの子会社を持っています。CONORとSORという2つの商社と、今年作ったばかりのカット野菜工場の3つです。このうちCONORはアグリボローニャと同じ建物内に事務所や集出荷場を持ち、SORとカット工場は別の町にあります。グループ全体で100名の職員（フルタイム）がいます。CONORについてはもともとあった商社をアグリボローニャが買収したもので、輸入品も含めアグリボローニャの組合員の生産物とは別個の商品を集荷し販売しています。取り扱う商品がアグリボローニャの商品と重なることもありますが、他方アグリボローニャの商品が売れ残った場合にはCONORの持つ販路を通じて売りさばくこともあります。グループ全体の売上高の7割をCONORとSORの2つの商社で稼いでおり、その利益の一部は組合員に還元され、残りは再投資に向けられます。

## 2　アグリボローニャの会員の野菜生産者

アグリボローニャの組合員の一人である、ジャンニ・バルビエールさん（50歳）の農場を見せてもらいました。バルビエールさんのお父さん（81歳）はアグリボローニャの前身である協同組合の創設者の一人だそうです。バルビエールさんは50haもの農地でゼッティーナと呼ばれるサラダ菜の栽培を行っています。さらに毎年周辺農地を10～25ha借り、そこでもゼッティーナを栽培しており、アグリボローニャのCOOP（生協）向けのゼッティーナの30％はこの農場から出荷されているそうです。冬の間はトンネル栽培を行い、周年供給体制を作っています。

訪問した農場は、見渡すばかりのゼッティーナ畑で、大きな区画の1つでは最後の収穫作業を行う一方、その向こうの畑は苗の植え付けが終わったばかり、という光景でした。作業は完全に機械化されており、広大な畑に5列ずつゼッティーナが植えつけられています。畑で、バルビエールさん自慢のゼッティーナ収穫機械を動かしてみせてくれました。収穫機械の上に最大11名が乗ることが可能で、収穫されていくゼッティーナを洗って切ってケースに詰めて行くことがこの機械の上で行われています。調製処理のスピードによって、収穫機械が前進して収穫する量が自動的にコ

大規模なサラダ菜農場を営むバルビエールさん（右）とアグリボローニャの営農指導部門責任者のキャンディニさん

ントロールされるようになっています。バルビエールさん自身がこの機械の開発に関わり、その後も独自に改良を重ねたそうで、「世界で1台だけの機械だ」と胸を張っていました。同様の機械はイタリアには10台程度しかないそうです。

バルビエールさんの農場では7名を雇用しており、うち6名はアルバニア人、1名はエチオピア人です。エチオピアからの人はこの農場にもう25年もいるそうで、「彼はもうイタリア人だよ」とバルビエールさんは笑っていました。このように他の国から働きにくる人達に対しては、住居を提供し、「気持ちよく働いてもらうようにしている」とのことでした。

案内してくれたアグリボローニャのキャンディニさんは5人の営農指導担当グループの責任者であり、この仕事に就いて11年がたつそうです。「このようにもともと技術力の高い農家が組合員なので、生産技術そのものの指導をすることはあまりない」とのことでした。キャンディニさんらの仕事の主体は、新しい農薬・肥料などの資材についての情報提供や、機械などを購入する際のアドバイスと、COOP（生協）がもとめる品質チェックを行うことです。組合員の農場の規模や作目に応じて、毎週、2週毎、3週毎と訪問頻度を決め、組合員農家を訪れているそうです。

## 3　アグリボローニャの販売事業とイタリアの青果物流通

アグリボローニャの販路は大手量販店チェーン（COOP、CONAD等）への直接販売とボローニャ市中央卸売市場での販売です。中でもイタリア最大の量販店チェーンであるＣＯＯＰ（生協）は最大の顧客です。

大手量販店向けの集出荷は、アグリボローニャの事務所に併設された集出荷場で行われます。鮮度を重視するＣＯＯＰの場合には、

前日の夕方5時頃、翌日分の予備注文が入る。
←
その数値をアグリボローニャは夜のうちに各組合員に配分・連絡する。
←
当日の朝10時頃に最終注文が入る
←
追加分の配分・収穫の指示をアグリボローニャが組合員に出す。

といった手順で、当日の午後2時過ぎに組合員からの最終の荷がアグリボローニャの集出荷場に入ってきます。

ちなみに前項で紹介したバルビエールさんは、自分で冷蔵トラックを所有しています。

ＣＯＯＰもＣＯＮＡＤも折りたたみ式で何度でも使われるプラスチックケースが用いられ、畑で洗浄・調製しケースに詰められたものが、ケースのまま店頭に並びます。これらのケースはＩＦＣＯといった専門の会社から

のレンタルです。作物に応じてケースの高さは異なりますが、ケースの底面積は統一されているため、運送や店頭での配置が効率的に行われるようになっています。

一方、青果物の中央卸売市場であるCentro Agroalimentare di Bologna（ＣＡＡＢ）での販売は、多様な小売業・飲食店向けです。ＣＡＡＢはボローニャ市が主体である第三セクター組織であり、アグリボローニャ自身もＣＡＡＢの出資者の1人となっています。アグリボローニャは市場内に大きな販売コーナーと冷蔵庫を持っています。

ＣＡＡＢの主要データ（ＣＡＡＢのパンフレットから）

取扱額　年間4億ユーロ

取扱量　年間35万トン

出荷者　卸売企業　32社

　　　　協同組合　5社（組合員農家数２９０）

　　　　個別生産者　１００農家

特定作目の取引所　4カ所（ジャガイモ、タマネギ、果実、有機農産物）

顧客数　２０００社

ＣＡＡＢも訪問し、事務所の方からお話を伺いましたが、非常に広々として清潔感あふれる施設でした。市場内は卸業者のエリアと生産者（組合・個人）のエリアに分かれ、生産者エリアにはアグリボローニャを含めて地元の５つの協同組合（農家数約２９０）と約１００の個別農家が出荷しています。生産者エリアでは、この地方のものしか売ってはいけないことになっています。生産者エリアに出荷する個別農家は、自らが出荷するよりも協同組合や卸業者を介して販売することが増える傾向にある中で、数は減少傾向にあるそうです。ここに出荷している５つの協同組合の中でアグリボローニャは最大の売り場面積を占めています。面白いのは、同じアグリボローニャの組合員であっても、例えばぶどうのケースにかけるリボンが金色であったり赤であったり、箱は紙であったり木箱であったりと、荷姿はばらばらであることです。「自分で販売にまで目を配りたい」アグリボローニャの組合員だからこその荷姿なのでしょう。なお、アグリボローニャの組合員がこの市場経由で販売する場合の市場使用料などは、組合員がアグリボローニャに支払う10％の手数料の中に含まれているそうです。

一方、ＣＡＡＢの卸業者エリアには32社が入っていますが、２２０㎡の区画を１つ使う企業から11も使う企業まで業者は大小様々です。

市場での買い手は、イタリア全体に売りさばく大手業者が２００社程度、あとは地元を中心とした小規模の小売業者が１８００社程度だそうです。また、火曜日と土曜日には一般の人も買いにくることができるようになっています。

いずれのエリアでも、値決めは相対で行われます。ＣＡＡＢの事務局は、毎日産品毎にいくつかの売り手から

バルビエールさんのサラダ菜圃場の様子

バルビエールさん自慢のサラダ菜収穫機。最大 11 名が乗用でき、収穫機の上で調製・ケース詰めまで行う。

ボローニャ市中央卸売市場のアグリボローニャのコーナー

取引価格を聞き取り、それを一覧にして市場の会員に配布し、取引価格の傾向がわかるようにしています。このCAABの売り上げは5年間で10％も減少しているそうです。この要因の1つは、COOPなど大手量販店チェーンが市場を経由せず、農家との直接取引に移行していることにあります。例えば、大手最大チェーンのCOOPはCAAB内に倉庫を持っていますが、商品が足らない時にしか市場を使わないそうです。また、このような流通の変化の中で、他の卸売市場との競争が激化していることも要因です。イタリアの北半分だけで、このような卸売市場はボローニャ以外に6市場あり、ハブ市場としての地位を争っています。この厳しい環境の中で取扱額を確保するため、CAABは、上記の取引価格情報の配布の他、効率的な荷さばきシステムの構築、施設の衛生管理の徹底、市場と産地などが連携して行う地元特産品のプロモーションなどを行っています。

## 4 考察

今回視察したアグリボローニャは大規模農家を基盤とする農業協同組合ですが、大手量販店との直接取引や市場販売など販売事業に徹すると同時に、組合員である大規模農家の独自の販売戦略を尊重しています。さらに、農業協同組合としての競争力強化や収益確保のため、他州からの組合員の容認、企業買収を含めた商社・カット野菜工場経営など子会社業務の拡大など、積極的な経営を行っています。

他方、イタリアの青果物流通では、日本にも共通する大型量販店と大規模生産地との直接取引の拡大とそれに伴う卸売市場の取扱額の減少、という現象が進行していました。卸売市場は、個別の農家や中小産地の荷を集め、伝統的な八百屋や市場、レストランといった小規模な需要者に売るチャネルであると同時に、イタリア国内外の商品を集め、他の地方や国向けに流通させるハブ市場としての地位を他の市場と激しく競っています。

イタリアでも青果物流通システムの末端では伝統的な市場や八百屋からスーパーマーケットやハイパーマーケットでの取り扱いへの移行が進み、川上では生産者の大規模化が進んでいます。アグリボローニャはこのような青果物流通の変化に農業協同組合が柔軟に対応している例であり、日本で大規模経営のＪＡ離れが言われている中、示唆に富んだ取組ではないでしょうか。

（ＪＣ総研レポート　２００９年冬号掲載）

# 第2章　希少種豚の保全を地域の活性化につなげる
## ：南ドイツのシュヴェービッシュ・ハル生産者組合

シュヴェービッシュ・ハルは、ドイツの南西部にあるバーデン＝ヴュルテンベルク州にある小都市です。シュヴェービッシュ・ハル生産者組合（ＢＥＳＨ）は、この地域で長らく飼育されてきたものの、希少種となってしまった豚のシュヴェービッシュ・ハル種の復活を通じて、地域経済の活性化を成功させています。

### 1　絶滅寸前だったシュヴェービッシュ・ハル種豚の復活

豚のシュヴェービッシュ・ハル種は、１８２０年頃、当時の領主が中国から多産で頑健な豚のメイシャン種を導入し、地元産の豚と掛け合わせて作られたものです。シュヴェービッシュ・ハル種は、牧草の消化能力が他種に比べて高く、放牧に適しています。また、脂質が多めで、肉質は多少固く色は比較的暗いという特徴もあります。多い時には地域内で飼育されている豚の90％以上はこの種でした。

しかし、畜舎内で集約的に豚を短期間飼育する方法が定着するにつれてシュヴェービッシュ・ハル種の豚は減っていき、１９８２年までには殆ど見られなくなりました。このシュヴェービッシュ・ハル種豚の保全と復活の取組を始めたのが、現在はＢＥＳＨ会長を務める養豚農家ルドルフ・ビューラーさんです。

シュヴェービッシュ・ハル種豚。BESH の資料より

放牧での養豚場の前のビューラーさん（中央）

なぜ、シュヴェービッシュ・ハル種の保全を思い立ったのでしょうか。ビューラーさんは、「家業である農業に就く1983年以前に国際協力の仕事に就いていていました。その時、アフリカで欧米の近代的な畜種の導入が失敗したのを見ました。ホルスタイン牛をザンビアに持って行ったのですが、ホルスタインは特殊な餌やインフラを必要としたために、ザンビアでは成功しませんでした。地元にもとからいた牛種の方が優れていました。バングラデシュでも2年半勤務しましたが、同じような事を体験しました。例えばコメの近代的な種は、施設や肥料などがないと、上手く育たなかったのです」という経験から、多様な種・地元特有の種を維持することの重要性を認識したそうです。

家業に戻ったビューラーさんは、絶滅したとみなされていたシュヴェービッシュ・ハル種を復活させようと、残っている豚を探し始めました。農家が小規模に飼っている豚群の中で7頭の雌豚と1頭の雄豚を見つけ出し、それを少しずつ増やしていきました。2012年にはBESH全体で3100頭の母豚を所有し、7万頭の子豚を生産するまでになりました。

## 2　BESHの設立と展開

数量的に限られているシュヴェービッシュ・ハル種豚の豚肉を、個々の農家が別々に売るのは難しい、販売組織が必要だ、と考えたビューラーさんは、1986年に当時8人いたシュヴェービッシュ・ハル種生産者による販売組合を作りました。これが現在のBESHの出発点です。組合の発足当初から飼養頭数の大小にかかわらず

BESH の屠畜場（手前）と畜産物加工場。BESH の資料より

１人１票を持つようにし、現在では、１４００人の組合員、４５０人の職員を有する組合になっています。ＢＥＳＨの組合員費は豚１頭につき1ユーロです。

１９８８年にはメディア対応や、フェアへの参加、プロモーション等、ビューラー氏の言うところの「ロビイングのための組織」を別に作りました。また、同年に、それまで市場に出していた豚肉を自ら売ることを始めました。「農家がいくら熱心に生産しても、買う人が必要だということに気づいた」とビューラーさんは言います。

さらに２００１年には、ＢＥＳＨは自らの屠畜場を持つことになりました。町が所有していた屠畜場が倒産した際に、組合員が１人当たり５００ユーロを出資し、組合で買収したのでした。その後、屠畜場に隣接して畜産物加工場を作り、家畜の生産から処理、加工までの体制を整えました。屠畜場では、週当たり、４０００頭の豚、５００頭の牛、羊を処理しています。ちょうど、既存の加工場の隣に新しいソーセージ製造のための工場を建設中でした。

## 3　シュヴェービッシュ・ハル種豚の品質管理

今ではシュヴェービッシュ・ハル種豚は希少種という点だけではなく、肉質の面でもドイツ全域で有名なブランドとなっており、特にグルメ系の市場から高い評価を得ています。そのために、BESHは組合員に対し厳しい品質管理を求めています。ビューラーさんは、「豚が希少種だというだけでは不十分です。特別な生産物であることが必要です」と言います。

BESHの組合員は市価より高い販売価格を保証されていますが、組合員となるためには、「生産基準を守る、年1回の検査を受ける、年に10%の農家を対象に行っている抜き打ち検査を受ける」という条件に従わなくてはなりません。

生産基準には、畜舎での豚1頭当たりの面積が最低0・75㎡あること（通常の約2倍）、豚の放牧地での飼養密度は15頭／haを上限とすること、畜舎でワラを使うこと、薬の投与をしないこと、などの事項が含まれています。豚が病気になり投薬をしてしまった場合には、シュヴェービッシュ・ハル種豚ブランドとは別の商品として販売しています。

BESHが所有するレストランで出されるポークステーキ

BESHではシュヴェービッシュ・ハル種豚の品質管理のため、独自の普及サービス組織を持っており、現在、5人の農業専門家が組合員に技術的なアドバイスを提供しています。これについてビューラーさんは、「公的な普及サービスは、工業化・集約化した農業の影響を受けすぎていて使い物になりません。公的と組合と、普及サービスが二重にあるのは無駄だとは思いますが、あえて独自の普及サービスを持つことにした」そうです。

このような厳しい生産管理体制に基づくシュヴェービッシュ・ハル種豚はEUの農産物・食品に与えられる「地理的表示保護」の対象となっています。

## 4　BESHの販売戦略：生産者への利益還元のために

BESHの活動を何よりも成功させているのは、その販売活動でしょう。「生産者の利益を生産者に還元する」ために1988年に市場販売から直接販売へと転換し、その後、加工・流通のための屠場、加工場、店舗などを持つことで、組合員に高価格を還元する体制を作り上げてきました。

BESHは組合員の全ての生産物を引き受け、あらかじめ保証された価格を組合員に支払う義務を持っています。この高く設定された価格が、生産者である組合員のモチベーションとなっています。

シュヴェービッシュ・ハル種豚を生産する組合員に対して支払われる価格は、生産方法によって3種類に分かれています。

○通常の生産方法：市場価格に対しkg当たり40セントを上乗せした価格、

○有機認証豚：kg当たり3・30ユーロの固定価格、
○放牧して飼育される豚：kg当たり3・50ユーロの固定価格

このうち2つの固定価格については、年2回改訂されます。放牧して育てられた豚肉の価格が有機認証取得の豚肉に比べて価格設定が高いことについて、消費者は有機生産過程で作られた肉よりも放牧で生産された肉に対し（具体的なメリットが感じられて）より魅力を感じるとの説明でした。放牧による豚の飼育を、ビューラーさん自身は21年前から取り組んでいますが、BESHとしては最近始めた取組であり、放牧されている豚もまだ400～500頭程度しかいません。しかし、需要があるので、今後拡大したい部門だとのことでした。

組合員に対して払われる高価格をBESHは独自の販売戦略で回収し、その差額がBESHの収入となります。直近のBESHの収益は約1億ユーロでした。

BESHが販売のターゲットにしているのは、裕福で意識の高い消費者であり、この層は消費者全体の18～20％を占めるとビューラーさんは考えています。バーデン＝ヴュルテンベルク州はダイムラー、ボッシュ、ポルシェなどの世界的な企業が本社を置いているなど、経済的に豊かな地域であり、従って裕福で意識の高い消費者も多くいます。このような消費者は、通常の消費者よりも、健康、グルメ、環境保全などを重視して買い物をします。

BESHの販路は、大別して、ブッチャー（食肉専門小売店）向けが60％、組合の店舗（現在5軒）向けが15％、ホテルやデリカテッセン向けが15％となっています。

BESH の直営店の食肉コーナー

販売戦略の主幹をなすのは、ブッチャーへの販売です。ブッチャーはヨーロッパでは古くから生活の中に定着しており、今でもブッチャーに行けば、客の好みや作りたい料理に応じて肉をカットしたり加工したりしてくれます。ブッチャーで肉を購入する消費者は、総じて食へのこだわりが強い裕福な層です。ドイツ南部は、経済的な豊かさや食文化的背景から多くのブッチャーがいます。

近年、販売先として伸びているのが、BESH自身が所有する店舗です。ファーマーズ・マーケットとして1996年に最初の店舗を作り、2010年までに5店舗を展開しています。販売するのは食肉や加工品以外にも、高級食材や生鮮品などで、多くは有機認証食品であるなど、高級食品店として定着しています。

BESHは、生産者に高価格を保証しつつ、それ

BESH ブランドのロゴの入った食肉加工品の缶詰

より も高い価格で販売することで、組合としての利益を確保し、それを食肉加工場や店舗などに投資して、さらに販売力を強化してきています。近年は、食肉のみならず、伝統的な香辛料（マスタードなど）の生産・加工も手がけています。ソーセージの付け合わせであるマスタードを、原料は有機栽培し、地域の伝統的な手法で加工し、それを組合の店舗などで販売しています。

ビューラーさんは「現在の農業は、生産しても利益の多くを川下が持っていってしまう仕組みになっています。お金が農家に落ちるようなシステムが必要です。ＢＥＳＨは利益を農業者に還元するために活動しています」ということを再三強調しました。地域に昔から存在する豚の希少種というポテンシャルを活かし、そのシステムを築き上げてきました。

最後にビューラーさんに「なぜこのように自分で

希少種豚の保全や、組合での様々な取組を行うのですか」と尋ねてみました。「私は代々続く農家の14代目で、私の曾祖父は、協同組合銀行を造り、次に乳牛の組合も作った人でした。私はそういう血を受け継いでいます。農業者は自ら動かなくてはいけないのです」との返事でした。

（EUの農業・農村・環境シリーズ第29号　2014年3月14日掲載）

BESHの本部はビューラーさんの自宅の1階にある

# 第3章　国際化と農業構造の変化に対応するドイツのラインマイン果実・野菜協同組合

ラインマイン果実・野菜協同組合の所在地であるヘッセン州グリースハイムは、ドイツ中西部ヘッセン州の州都であるフランクフルト市から南に車で30分程度、ライン川の東岸の平野を利用した農業地帯にあります。

ドイツの農業は、平坦地の広がる北部では穀物を主体とする大規模経営が多いのに対し、南部は山岳が多く、畜産の比率が高まり、経営規模も小さくなります。例えば、北部のニーダーザクセン州の農家当たりの農地面積は63haであるのに対し、南部のバイエルン州の農家当たりの農地面積は33haと半分程度です。ヘッセン州はその中間あたりに位置し、77万haの農地に1万8000戸の農家があり、農家当たりの農地面積は43haとなっています。ヘッセン州では、広い耕地を利用した穀物経営や酪農の他、ワイン用ブドウの栽培も盛んです。また、ヘッセン州は地理的にヨーロッパの中心にあって各種産業が発達し強い経済力のある地域であり、結果として他州に比べて兼業農家比率が高いという特徴を持っています。

## 1　ラインマイン果実・野菜協同組合の選別場にて

ヨーロッパの農業協同組合は、日本にある経済事業、金融事業、共済事業などを行う総合農協ではなく、特定の作物の販売や資材の供給を行う専門農協であり、ラインマイン果実・野菜協同組合もヘッセン州の南部で青果

ラインマイン果実・野菜協同組合近くの野菜畑

物や切り花の販売を行う農業協同組合です。1967年に、それまであった2つの農業協同組合が合併して設立されました。ライン川、マイン川、オーデンの森で囲まれた一帯が組合の活動対象地域であり、対象となる農地は3万5000haです。組合員数は2011年時点で111名となっています。

組合の2010年の農産物販売額は655万ユーロ（約9億円）で、取り扱い品目は、売上高に占める割合の多い順に、アスパラガス、タマネギ、インゲン、イチゴとなっています。この他、ジャガイモ、ルバーブ、スイートコーン、ガーキン、プルーン、ベリー類、ハローウィン用のカボチャなどを、周辺のフランクフルト、ニュールンベルク、ハイデルベルグなどの都市に市場経由で、あるいはスーパーに直接販売しています。

組合を訪れたのは10月で、その時期の取り扱い品

大型トレーラーから分別機に移されるタマネギ

目の中心はタマネギであり、タマネギを満載した大きなトレーラーからタマネギがおろされ、分別機に乗せられているところに遭遇しました。タマネギは紫、普通、白の3種であり、普通種はタキイの種を使っているそうです。分別機では、5つの規格に分類し、それを50gから25kgパックまで、多種の袋に詰めます。5kg詰めが一番多いそうです。出荷先には、イギリス、デンマーク、スペインなど含まれますが、ほとんどはドイツ国内向けです。また、タマネギの端境期である4~6月には、ラインマイン果実・野菜協同組合がタマネギをニュージーランドから輸入し、出荷しています。地元のタマネギの生産量は1万2000トンであるのに対し、輸入も含めた出荷量は2万トンとなっており、ドイツ全体の3%のシェアを占めるそうです。

ラインマイン果実・野菜協同組合の地下には3000トン入るタマネギ倉庫があり、組合員農家に

ラインマイン果実・野菜協同組合の地下のタマネギ倉庫

貸し出されています。倉庫は50トン単位で貸し出されていますが、そのうち２０００トン分は１軒の農家が使っているそうです。概ね１haの農地でタマネギを50トン収穫できますが、規模の大きな農家になると40haでタマネギを作っているそうです。

この数年タマネギは豊作が続き、値段が安くなり、２０１１年はとくに豊作で収穫量が平年の15％増となり、農家はタマネギからの収入だけではやっていけないと担当者は浮かない顔でした。タマネギを倉庫に保管することで、輸入分を減らし、組合員の手取りを上げたいとのことでした。

次頁の写真の木の籠は、アスパラガスを出荷するためのもので、チェコで作られたものだそうです。アスパラガスは高級野菜で、このライン・マイン地域のアスパラガスは特に有名だそうです。出荷時期は４～６月でほとんどがドイツ国内に出荷されます。白アスパ

アスパラガスの出荷用の木の籠

ラガスが主で、グリーンアスパラは少ないそうです。

ラインマイン果実・野菜協同組合でアスパラガスを出荷する農家は約40戸あります。規模は２haから２００haまでと大きなばらつきがあります。アスパラガスの収穫作業は労働集約的であり、この時期には１００haの経営だと４００人程度の労働力が必要になります。ラインマイン果実・野菜協同組合には加湿装置がついたアスパラガス用の倉庫があります。アスパラガスはＲＥＷＥ、エディカなど大手スーパーへの直接販売の比率が高い商品です。地元のアスパラガスの生産量は１０００トンであるのに対し、組合の出荷量は１４００トンであり、他の産地から買って出荷するものもあります。スーパーによってパッケージが異なるので、組合でスーパーごとに包装し、出荷しています。

## 2　ラインマイン果実・野菜協同組合の事業概要

この野菜の選別場や地下のタマネギ倉庫を視察した後、会議室にてタマネギケーキをいただきながら協同組合の取り組みについての話を伺いました。

ラインマイン果実・野菜協同組合は、アスパラガスやタマネギ、イチゴなどを組合員や足りない場合は海外を含む他産地から集めて、卸業者やスーパーに出荷しています。2010年の売上げの内訳は、80万ユーロがスーパーへの直接販売、550万ユーロが卸業者向け、個別の店向けに1万ユーロ、その他の小さな出荷先向けが4万ユーロ、加工用に20万ユーロでした。卸業の力が弱まりスーパーへの直接販売が増える傾向にあるそうです。

一方、組合員に対しては、種や資材の販売、組合が保有するタマネギの植え付け機械、収穫機械、アスパラの冷却機械などの農業機械の貸与、技術指導や営農指導などのサービスを提供しています。組合員が払う販売手数料は10%です。組合の担当者からは、特に農業による環境負荷への対応について、土壌の窒素分の分析や、生産者の農薬使用量をチェックしているとの説明がありました。また、エネルギーをどのように節約するかの指導もしているそうです。HACCPの導入や、グローバルGAP取得の推進、ヘッセン州の食品衛生基準への対応のための指導など、環境や食品安全に熱心に取り組む様子が伺えました。

ラインマイン果実・野菜協同組合の役員は、有給の組合長と、無給の副組合長及び5名の役員から構成されています。この無給の6名のうち4名は現役の農業者、2名は退職した農業者であり、役員は3年毎に改選してい

タマネギケーキをいただきながら話を伺った

ます。総会は年1回開催され、組合員は1人1票を持ちます。組合員の出資額は、最低額が1300ユーロであり、売上高1万5000ユーロ以上で9100ユーロの出資額、売上高10万ユーロ以上で2万2100ユーロの出資額というように、売上高に応じて出資額が増えるようになっています。職員数は、正職員が16人、パート職員が5人、他に研修生が2人となっています。

話を聞いて驚いたのは、ラインマイン果実・野菜協同組合の組合員数に見る農業構造変化のすさまじさでした。1967年の組合設立当初の組合員数は1万5500人もいたそうですが、2011年現在はたったの111人です。特に、以前は取扱量の半分を占めていた果実の生産者が、産地のあったオーデンの森の一帯が宅地化されたことによって激減したそうです。しかし、その間総農地面積自体は大きく減ってい

**表1　ドイツの農業協同組合の主要指標（2008年）**

| 協同組合の分野 | 組合数 | 市場占有率（%） | 農業者組合員の数（千人） | 売上高（億ユーロ） | 雇用者数（千人） |
|---|---|---|---|---|---|
| 多目的・資材供給など | 541 | 54 | 1,232 | 229 | 47.0 |
| 牛乳・酪農品 | 290 | 70 | 108 | 108 | 10.4 |
| 牛肉・豚肉 | 116 | 28 | 215 | 48 | 3.0 |
| ワイン | 218 | 30 | 51 | 8 | 3.3 |
| 青果物 | 94 | 50 | 29 | 25 | 4.9 |
| その他 | 863 | — | 131 | 7 | 10.6 |
| 旧東ドイツ | 872 | — | 41 | 20 | 23.1 |
| 合計 | 2,994 | — | 1,807 | 445 | 101.5 |

資料：DEUTSCHER RAIFFEISENVERBAND

ないそうです。しかも、１１１人の現組合員のうち実際に農業生産活動をしているのは68軒の農家であり、その中の29農家で組合の売り上げの94%を占めているそうです。ヨーロッパの中では比較的経営規模が小さいと言われるドイツの青果物部門でも、農業の構造変化、大規模化は急速に進んでいることを実感しました。

## 3　ドイツの農業協同組合

２００８年の統計によれば、ドイツには２９９４の農業協同組合があります(2)。ドイツの農家戸数は37万戸、農業者数は78万人であるのに対し農業協同組合の組合員数は１８１万人となっており、これは多くの農業者が複数の組合に所属しているからです。２９９４の農業協同組合の内訳は**表1**のようになっています。

ドイツの農業協同組合数は、１９９８年には４２２１であり、この10年間に約３割減少したことになります。同時期にドイツの農家数も53万戸から37万戸へと３割減少しています。一方、この間に農業協同組合の総売上高は18%伸びており、また農業協同組合の市場占有率も横ばいから上昇しています。ドイツの農業協同組合は統廃合しながらその競争力を強化してきていると言えるでしょう。

（ＥＵの農業・農村・環境シリーズ第22号　２０１２年6月7日掲載）

# 第４章　我が道を貫くドイツ・ケルンの協同組合銀行

　ドイツに調査に訪れた２０１１年10月は、ヨーロッパが経済危機の渦中にある時で、大手金融機関の「デクシア」が経営破綻に陥った直後でした。現地のテレビは、ギリシャなどでのデモの様子を連日放映していました。しかし、ドイツのライン川中流に位置し、ケルン大聖堂で有名なケルン市に根ざした協同組合銀行であるケルナーバンクのホルベーガー理事は、「我々はリスクの少ない堅実な経営をしており、ギリシャやイタリアの金融危機の影響はほとんどない」と胸を張りました。ケルナーバンクの「協同組合精神に基づき我が道を貫く」経営の一端を紹介しようと思います。

## １　ドイツの協同組合銀行とケルナーバンク

　ケルン市に展開する協同組合銀行のケルナーバンクは、１５０年前に、市の中小の手工業者達が自分達のための金融機関として作ったものです。当時、手工業者達は銀行から融資を受けることができませんでした。そこで自ら銀行を作り、自らの資金を貯めておくためにケルナーバンクを設立したという歴史を持っています。

　組合員が１人１票を持って所有し、組合員のためのサービスを目的とする協同組合銀行は、ヨーロッパでは大きなシェアを持っています。欧州協同組合銀行協会（ＥＡＣＢ）によれば、ヨーロッパには４０００の協同組合

ケルン市の中心にそびえる市のシンボル「大聖堂」

銀行があり、1億7600万人の顧客、5000万人の組合員を持ち、事業量はヨーロッパの金融市場の20%を占めています。EACBのメンバーにはフランスのクレディ・アグリコルやオランダのラボバンクといった、世界的にも大きな銀行も含まれています。

ドイツは、その協同組合銀行の発祥の地です。日本の全国信用協同組合連合会のホームページによれば、19世紀中頃に協同組合銀行ができるまでのドイツでは、「銀行は富裕層である資本家のみを顧客としていたため、庶民は銀行取引から疎外され、生活に必要な資金を、高い利率で金銭を貸し付ける『高利貸し』に頼らざるを得ない状況となり、その結果さらに窮乏するという悪循環に陥っていた。このような中、庶民が協同で（お互いに、心と力をあわせ、助け合って）、銀行や『高利貸し』に替わる『自分たち』の金融機関を設立する意識が高まり、都市部ではヘルマン・シュル

ケルナーバンク本店の外観

ツェ・デーリチュが、農村部ではフリードリッヒ・ウィルヘルム・ライファイゼンが世界で初めての信用組合を設立した。このため、シュルツェは『ドイツ市街地信用組合の父』、ライファイゼンは『ドイツ農村信用組合の父』と呼ばれている」ということです。ケルナーバンクは、ライファイゼン系列の協同組合銀行です。

ホルベーガー理事によれば、ドイツには現在2000の銀行がありますが、そのうち1138行が協同組合銀行だそうです。協同組合銀行全体で16万人を雇用し、組合員数は400万人、顧客数は1670万人となっています。ドイツの人口8000万人に対して1670万人の顧客という規模は、その大きな影響力を物語っています。

## 2　ケルナーバンクの組織と事業

ケルナーバンクはケルン市内では最大の銀行であり、組合員は3万4000人、顧客数は9万人、総資産額18億ユーロ、預金総額は13億ユーロとなっています。現在の組合員への配当率は4・5%。利子率は1%だそうです。行員数は450人で、ケルン市に31支店と1台の移動支店を持っています。移動支店は日本の移動式図書館のような外観の車両による店舗で、普通の支店と同じ機能を果たし、アドバイスもすればお金の出し入れもできるそうです。

ケルナーバンクの組織は、ミュラー理事とホルベーガー理事の2人の下に事業／顧客対応ラインと、管理、IT、組織運営などの非事業ラインがあり、ホルベーガー理事は後者を担当しています。

ホルベーガー理事が説明の最初から最後まで強調したのは、ケルナーバンクは儲けではなく組合員の満足度を向上するためにある、ということでした。これについて、ホルベーガー理事は、ケルナーバンクの存在意義は以下の5点に集約されると語りました。

(1)「協同組合銀行は故郷である」。ドイツ銀行は世界中にあるが、ケルナーバンクはケルンに生まれ、ケルンに存在する。「私たちの故郷」としてのつながりの中にある。

(2)「協同組合銀行は密接な存在である」。ケルナーバンクの支店は顧客の近くに存在している。

(3)「協同組合銀行は安らげる場所である」。財政危機とは関係ない。どんな世界の危機が来ても安心していられる。なぜなら、ケルナーバンクはビジネスをこの地域だけでやっており、その外にある世界とは関係がない。
（4）「協同組合銀行は永続する」。ケルナーバンクの事業はそんなに儲かるわけではない。しかし、これまで150年間存続してきたように、150年後もケルナーバンクが存続していることを目的としている。木が倒れてもまた若木が生えてくる森のような存在を目指す。自分たちが十分に生きていけるだけ儲け、それを皆で分ける。大きなリスクを望まず、常に中庸を目指す。
（5）「協同組合銀行は世界中に広がる」。例えばインドの協同組合銀行がノーベル平和賞をもらった。全世界で8億人が協同組合銀行を組織している。

組合員に満足度を与えるために、ケルナーバンクは銀行業務でもそれ以外でも様々な組合員サービスを提供しています。例えば、現在ケルン市界隈に31カ所もある支店の数について、ホルベーガー理事は、「組合員サービスを考えれば支店を減らすことはできない。むしろ良い場所があれば2つぐらい増やすかもしれない」と言いました。60歳以上の組合員を対象に、1ヶ月に1度お金を届けるサービスも行っています。

銀行業務以外のサービスとして、年4回組合員向けに雑誌を発行している他、組合員限定の様々な催し物を企画しています。例えば、サッカー観戦、動物園への招待、館長自らが説明してくれる博物館ツアー、若い組合員用のディスコパーティーなどです。介護に関する各種サービスについてアドバイスするようなサービスもあります。単に銀行業務をするだけではなく、組合員のファミリーとして色々な取り組みを行っているそうです。組合

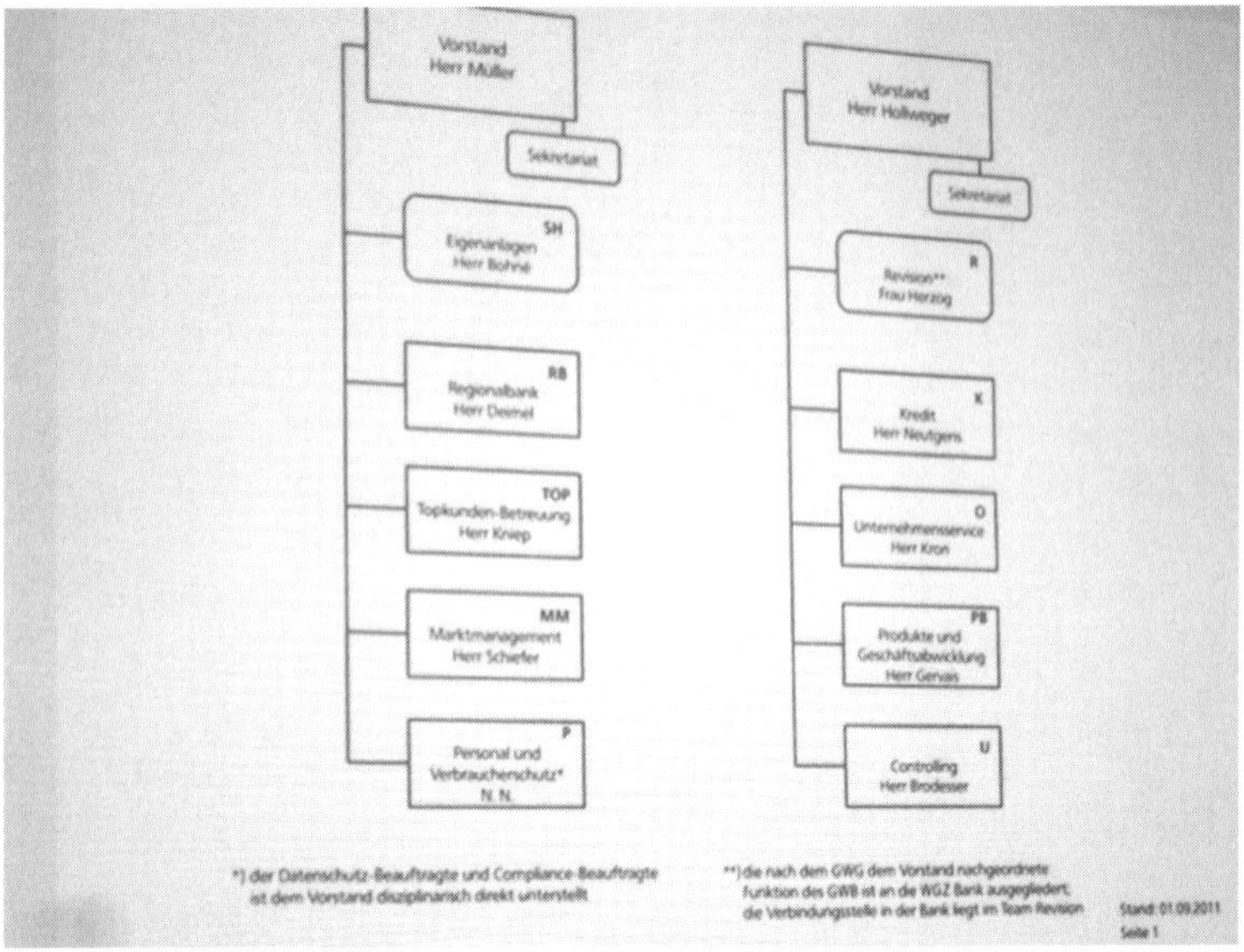


２人の理事の下の業務分担が示されたケルナーバンクの組織図

員の満足度については、毎年組合員にアンケートをとって専門機関に分析を依頼し、常に把握に努めていました。

このような「儲けより満足度」という考え方を行員にどう教育しているのかと尋ねたところ、ホルベーガー理事は、「私達には3つの目標があります。（1）顧客は組合員である、（2）組合員の満足度を高めることが目標、（3）毎年より一層高い満足度を目指す、という3つです。行員はこの目標を達成するためにどうしたらよいのか考えます。大事なことは、各行員がそれぞれの立場でどうしたらそれを達成できるかを考えることです。顧客の満足度を高めることについて、私達はドイツ銀行とは違うのだ、ということを常に頭に置いています」と説明してくれました。

ケルナーバンクの組合員になるには、現在は25ユーロを預ければ口座を作ることができ、口座ができれば自動的に組合員になってケルナーバンクの経営に参画

ケルナーバンクの支店の分布を説明するホルベーガー理事

するための1票を持てるということでした。しかし、私達の通訳をしてくれた日本人女性によれば、ケルナーバンクは古くからケルン市に根付いた組合員のための銀行というイメージを持たれており、一般的な銀行よりも敷居の高さを感じるそうです。

## 3　永続する経営を目指して

2008年の金融危機の際、協同組合銀行は普通の銀行に比べて経営の損失が少なかったと言われています。これについてホルベーガー理事は、「私達はリスクを負ってまで利益を追求することはしません。どんな小さなリスクも自分達を危うくする可能性があると思っています」とのことで、貸し付け最大枠を500万ユーロ（約5億円）に設定するなど、リスクを減らすような経営を行っています。資金の調達は、ケルン市の個人や手工業者からが主体であり、貸付け

ケルン市近郊の農家

先もケルン市の手工業者や個人となっています。ケルナーバンクの自己資本比率は13%です。国際資金調達の必要がないので、国際会計基準は導入していないそうです。預金の残りはドイツ国債に投資し、他のヨーロッパ諸国にも少し投資しています。他に不動産に対して投資していますが、規模は小さいそうです。

このような安定経営を続けているケルナーバンクですが、ドイツ国内の協同組合銀行が全て同じようなやり方で経営を行っているわけではなく、経営が上手く行っていない協同組合銀行もあるそうです。また、ケルナーバンクの健全経営を支えているのは、人口ではドイツ国内で4番目のケルン市と、その周辺200㎞圏内に広がるルール工業地帯というドイツ最大の工業地帯です。ヨーロッパ最大の人口密集地域であり、人口は流入を続けているそうです。ホルベーガー理事は「ケルン経済の将来については明るいと思う」と語り、そのことはケルナーバンクの将来の明るさにもつながっています。

しかし、金融危機においては強さを発揮した協同組合銀行でしたが、その後世界に広がった経済危機においては、顧客である中小企業の経営悪化や個人の年金収入減退などを招き、そのことが協同組合銀行の経営を圧迫しています。過去の第2次世界大戦や東西ドイツの統合といった大きな変動を乗り切ってきたケルナーバンクが、この逆風に立ち向かい、ケルン市民のための協同組合銀行として今後も「ドイツ銀行とは違う」存在であり続けることを期待せずにはいられません。

最後に、ホルベーガー理事が語った協同組合の存在意義を再び紹介したいと思います。協同組合活動に関わる誰の心にも染みる言葉ではないでしょうか。

協同組合は故郷である
協同組合は密接な存在である
協同組合は安らげる場所である
協同組合は永続する
協同組合は世界中に広がる

（ＥＵの農業・農村・環境シリーズ第20号　２０１２年３月７日掲載）

# 第5章　強い農業協同組合：COGECAの目指すもの

## 1　COGECAとEUの農業協同組合

ベルギーのブリュッセルに本部を置くCOGECAは「Comite General de la Cooperation Agricole de l'Union Europeenne」の頭文字をとったもので、訳せば欧州農業協同組合委員会となります。ヨーロッパの農業協同組合全体を代表する組織です。COGECAは現在32団体で構成され、その背後にはEUの3万8000もの農業協同組合があります(3)。基本的にはEUの27加盟国ごとに1団体ずつが加盟していますが、イタリアから3団体加盟しているように1カ国から複数団体が加盟している場合もあります。ヨーロッパの農業者組合を代表するCOPA（欧州農業組織委員会）と事務所を共有し、一緒に行動することが多い

オランダの酪農地帯の光景
（酪農はヨーロッパで最も協同組合が発達している部門です）

表２　EU の農業協同組合の売上高上位 10 組合（2008 年）(4)

| | 農業協同組合の名称 | 国 | 活動の分野・作目 | 売上高（10 億ユーロ） | 組合員農業者の数（千人） | 雇用者数（千人） |
|---|---|---|---|---|---|---|
| 1 | FrieslandCampina | オランダ | 牛乳・乳製品 | 9,481 | 15,837 | 20,568 |
| 2 | Bay Wa | ドイツ | 資材 | 8,795 | : | 15,540 |
| 3 | VION*, Son en Breugel | オランダ | 食肉 | 8,540 | : | 35,583 |
| 4 | Metsäliitto | フィンランド | 林業 | 6,434 | 129,270 | 17,540 |
| 5 | Arla Foods | デンマーク・スウェーデン | 牛乳・乳製品 | 6,200 | 7,625 | 16,200 |
| 6 | Danish Crown | デンマーク | 食肉 | 6,000 | 10,700 | 23,500 |
| 7 | AGRAVIS | ドイツ | 資材 | 5,811 | : | 4,000 |
| 8 | Union IN VIVO | フランス | 穀物、資材 | 5,200 | : | 1,500 |
| 9 | KERRY | アイルランド | 牛乳・乳製品 | 4,700 | 9,700 | 22,300 |
| 10 | DLG | デンマーク | 資材 | 4,600 | 28,000 | 5,000 |

ので、COPA－COGECAとまとめて呼ばれることも多いです。COGECAはEU（当時はEEC）が発足した１９５７年の２年後に創設され、EUの共通農業政策の50年の歴史の中で、EUの政策に対し欧州の農業協同組合全体の立場を代表として意見を表明し、ロビイングを行うという役割を果たしてきました。

EU各国の農業協同組合は、日本のような総合農協ではなく、作目別の専門農協や購買専門の農業協同組合で構成されています。**表２**はCOGECAが公表した２００８年のEUの上位10農業協同組合のリストですが、この表からわかるように、EUの大型の農業協同組合は北部の加盟国に多く、これらの協同組合では国を超えた合併も行われています。一方、地中海諸国などでは中小規模の農業協同組合が多数存在しています。

EUの農業協同組合については、２０１１年から２０１２年にかけてEU委員会の委託により大規模な調査研究が行われ、その最終レポートが２０１２年11月に「農業者の協同組合への支援」という表題で公表されたところです(5)。農業協同組合の食料供給チェーンにおける位置づけや、管理・運営の実態、各加盟国の関連する法制度についてまとめられているこに加え、報告書の付属資料にはＥＵ加盟国別、作目別、さらにはＥＵ以外のＯＥＣＤ諸国の協同組合についての詳細な分析もついた、膨大な調査研究報告書です。

この調査の結論として、農業協同組合の存在が農業者の食料供給チェーンにおける取り分の増加をもたらしていること、競争政策と共通市場政策との矛盾などが指摘され、また、農業協同組合自体の拡大に伴う、組合経営の専門家、民間企業と協同組合とのハイブリッド型経営の出現、国際的な（複数国をまたいだ）組合の出現などが取り上げられています。

## 2　フードチェーンにおける農業の取り分の確保に向けて

前述の農業協同組合についての大規模な調査研究を委託したＥＵ委員会の意図は、フードチェーン（食料の生産から消費までの流れ・関連産業）の中での小売業のバイイングパワーが伸張する中で、農業部門の取り分が抑圧されているとの見方が学者や政治家で広まる中、それに対抗するためには農業者の組織化が有効であるとの考えからきています。ＥＵとしての支援策を検討するために、農業協同組合の実態や関連する施策を調査しようとしたものです。

ＣＯＧＥＣＡからも、目下の最大の課題は、牛乳の生産枠制度の廃止等により低迷している農家の所得向上のためにフードチェーンの中で抑圧されている農業の取り分を増やすことであり、そのために農業協同組合など生産者組織の力を強くすることだという説明を受けました。「ヨーロッパの農業者は、（１）インドや中国などを中

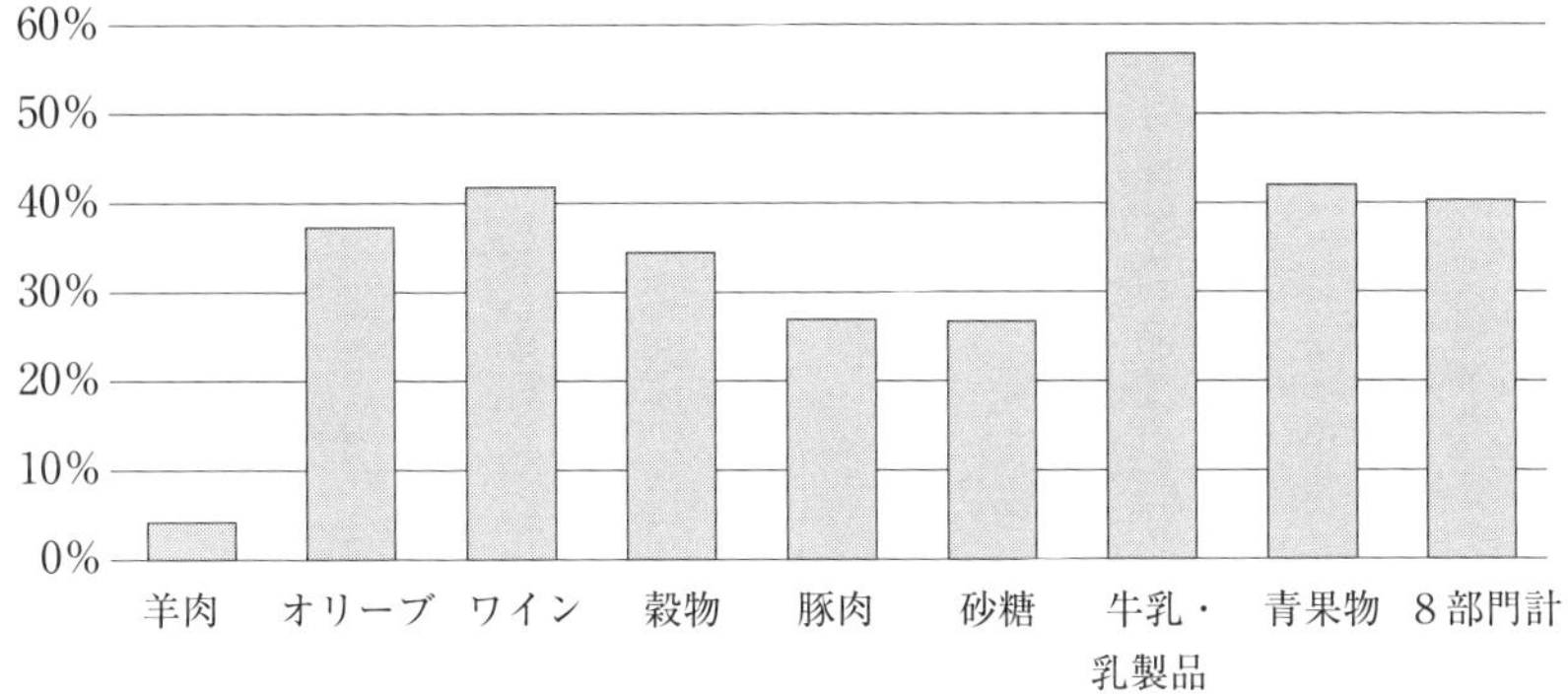


**図1　EU における作目別の協同組合の市場占有率（2010 年）**

（出所）EU 委員会（2012 年）「農業者の協同組合への支援」

心とした、世界の食料需要の増大、（２）ヨーロッパでの都市化の進展により、より便利な食品、加工度の高い食品への需要が高まり、食品産業の関与が増加してきたこと、（３）農産物をバイオ・エネルギーに使うなどの食料以外への農産物利用の影響、という中で、特に２００７年の終わり頃から農産物価格の激しい上下にさらされており、もはや農業者だけでは対応しきれない状況になっています。同時に、農業資材（肥料、石油、農薬など）の価格は上昇し、さらに、農業が持続的な生産、管理によって自然資源を維持向上させることに対する要求も大きくなっています。一方の農業者は、高齢化が進み、世代交代が課題となっているという状況に直面しています。」

　この状況の中で、農業協同組合自体も合併や統合により一層交渉力をつける動きが進んでいますが、それよりもはるかに巨大な小売チェーンが、流通のみならず加工や農業生産までの垂直統合の動きを加速させており、「何よりも強い組合を作る事」、「効率的で効果的な活動・運営をすること」を近年のＣＯＧＥＣＡは目指してきています。

具体的には、ＣＯＧＥＣＡは２０１０年~２０１２年の中期計画において、フードチェーンにおける農業者や農業協同組合のポジションを強化するために、

・ＥＵや各国の食料政策の中での、農業や協同組合の役割強化のための政策の提案
・ヨーロッパにおける協同組合全般の強化
・農業協同組合の管理指針の策定
・国際会計基準への適応
・ＥＵ加盟申請国や他の国の協同組合との協力
・ヨーロッパの先進的な活動を行う協同組合への表彰

などに取り組んできました。

ＣＯＧＥＣＡの担当者は、私達の質問に対し、「協同組合の合併により組合員の声が届きにくくなるという問題はあるが、大きな力を持った協同組合の中で小さな組合員でいるか、小さな協同組合の中で大きな組合員でいるのかは、自らが選択すべきことです」、「フードチェーンにおける農業部門の取り分を増やすには、長期的には、生産者による加工や新製品開発の取組を進める必要があります」、「米国、カナダ、メキシコなどの協同組合組織とは、フードチェーンにおける農業の取り分の問題の他、バイオエネルギー、ＷＴＯ交渉、途上国への投資などについて意見交換を続けています」と説明してくれました。

現在、ＥＵの次期共通農業政策の議論が山場を迎えている時期であり、フードチェーンでの「生産者組織の強

化」も次期政策案に入っている中、ＣＯＧＥＣＡも活発に行動しています。しかし、実際にはＥＵ域内の極めて多様な農業協同組合の声を1つにまとめるのは容易ではありません。特に、ＥＵが拡大して27カ国となった今、各国の農業や農業協同組合の課題も関心も多様であり、ＥＵの農業協同組合として1枚岩であることは難しいのですが、ＣＯＧＥＣＡの担当者は、「1つの意見として示せば、ＥＵの諸機関はなかなか反論できないから」と、何としてでも意見を1つにまとめることが重要だと言っていました。

COGECA本部で説明をきく

他方、多様な意見を1つにまとめようとするほど、内容は曖昧なものとなり、決定に時間がかかるのも事実です。ＣＯＧＥＣＡというＥＵレベルでの農業関連団体の影響力は、農業部門の経済やＥＵ政策での相対的な地位の低下に加え、会員の多様化、個々の協同組合の強大化の中で減退してきていると言えます。近年のヨーロッパでの協同組合見直しの風潮、フードチェーンでの取り分回復という課題への対応の中で、ＣＯＧＥＣＡの役割が今後どのように変化していくのかに注目したいと思います。

（ＥＵの農業・農村・環境シリーズ第25号　２０１３年４月10日掲載）

# おわりに：現代社会の課題に対応することが期待されている協同組合

本書では、ヨーロッパの４つの協同組合とＥＵの農業協同組合を代表するＣＯＧＥＣＡを紹介してきました。ＥＵ全体として農業協同組合を振興しようとしている一方で、日本では農協改革に関する議論が進んでいます。ＥＵの農業協同組合はいわゆる専門農協であり日本のＪＡとは大きく異なりますが、家族農業経営を主体とする農業が営まれ、多様な農業が展開されている一方、生産者と消費者の距離は遠くなり、フードチェーンの中ではより川下が力を持つ中で農業協同組合が組織・運営されている点は、日本の状況と共通しています。本書の最後に、日本との比較も含めヨーロッパの個々の農業協同組合の事例が示唆するものをまとめてみたいと思います。

さまざまなヨーロッパの農業協同組合に共通するのは、自らの問題解決のために自主的に作った組織であり、組合員のためのビジネスを行う組織である、という点が明白だということです。「利用者が所有し管理する」という協同組合の原則がそのまま適用されている、とも言えます。

組合の目的がはっきりしている以上、組合員資格などもはっきりと決まっています。本書のイタリアのアグリボローニャやドイツのＢＥＳＨにみられるように、組合の目的を達成する上で必要な条件をクリアできる人だけが組合員となることができます。組合員の資格要件を厳しくすることで組合としての価値を高めることにも成功しています。また、そのような組合員は組合の運営にも積極的に関与しようとします。

一方で、日本以上に、グローバル化（EU内、EU外含む）、フードチェーンの川下の巨大化の中で組合員である農業者の所得向上のために様々なビジネス展開をしていることも印象的です。今回取り上げた事例は、販売のための農業協同組合が主体ですが、組合員の取り組む農業に合わせた独自の販路の開拓に取り組むとともに、一方で輸出入ビジネスなどで得られた利益を組合員に還元しています。日本では、担い手農家・法人の農協離れが言われていますが、ヨーロッパの事例は、大規模農家向けの組合、中小規模農家向けの組合がそれぞれの方向を模索しています。

さらに、時代が求める環境、エネルギー、地域振興など新しい分野への農業協同組合の進出も活発です。総じて、協同組合の発祥の地であるヨーロッパでの農業協同組合は、非常に自由度の高いものであるとの印象を持ちました。それであるからこそ、現代社会が直面する新しい課題を解決するための組織として、協同組合は選ばれているのでしょう。

「組合員のため」と「柔軟性」。日本の農業協同組合がそれを持てるのかどうかが、日本の農業協同組合の未来を決めるのではないでしょうか。

**注**

（1）重頭ユカリ（2009年）『イタリアの農協』農中総研調査と情報　2009年1月号。

（2）COGECA（欧州農業協同組合委員会）の年次報告（2014年）によれば、2013年のドイツの農業協同組合数は2400、組合員数は144万人、総売上高は675億ユーロ（約9・1兆円）となっています。

（3）ＣＯＧＥＣＡの２０１４年の年次報告によれば、最新のＥＵの農業協同組合数は２２０００（本調査以降、カウント方法や定義を変更したため、数値が大きく変わった）、組合員数は６１７万人、総売上高は３４７３億ユーロとなっています。

（4）ＣＯＧＥＣＡの２０１４年の年次報告によれば、最新の売上高上位10組合は、Bay Wa（デンマーク）、Friesland Campina（オランダ）、Arla Foods（デンマーク）、DLG（デンマーク）、Danish Crown（デンマーク）、Agravis（ドイツ）、Vion Food（オランダ）、InVivo（フランス）、Kerry Group（アイルランド）、DMK（ドイツ）の順になっています。

（5）最終報告書は株式会社農林中金総合研究所が邦訳し発刊されています。「ＥＵの農協　役割と支援策」農林統計出版、２０１５年。

**【著者略歴】**

石田 正昭 ［いしだ まさあき］ 監修者

〔略歴〕
龍谷大学農学部教授。1948 年、東京都生まれ。
東京大学大学院農学系研究科博士課程単位取得退学。博士（農学）
〔主要著書〕
『農協は地域に何ができるか』（農文協）、『JA の歴史と私たちの役割』（家の光協会）、『参加型民主主義　わが村は美しく』（全国共同出版）など。

和泉 真理 ［いずみ まり］ 著者

〔略歴〕
一般社団法人 JC 総研客員研究員。1960 年、東京都生まれ。
東北大学農学部卒業。英国オックスフォード大学修士課程修了。
〔主要著書〕
『食料消費の変動分析』農山漁村文化協会（2010 年）共著、『農業の新人革命』農山漁村文化協会（2012 年）共著、『英国の農業環境政策と生物多様性』筑波書房（2013 年）共著。

JC 総研ブックレット No.12

**ダイナミックに展開する**
**ヨーロッパの農業協同組合**

2015 年 11 月 10 日　第 1 版第 1 刷発行

**著　者** ◆ 和泉 真理
**監修者** ◆ 石田 正昭
**発行人** ◆ 鶴見 治彦
**発行所** ◆ 筑波書房
東京都新宿区神楽坂 2-19 銀鈴会館 〒162-0825
☎ 03-3267-8599
郵便振替 00150-3-39715
http://www.tsukuba-shobo.co.jp

定価は表紙に表示してあります。
印刷・製本 = 平河工業社
ISBN978-4-8119-0474-0　C0036

# 「JC総研ブックレット」刊行のことば

筑波書房は、人類が遺した文化を、出版という活動を通して後世に伝え、人類がそれを享受することを願って活動しております。1979年4月の創立以来、このような信条のもとに食料、環境、生活など農業にかかわる書籍の出版に心がけて参りました。

20世紀は、戦争や恐慌など不幸な事態が繰り返されましたが、60億人を超える世界の人々のうち8億人以上が、飢餓の状況におかれていることも人類の課題となっています。筑波書房はこうした課題に正面から立ち向います。

グローバル化する現代社会は、強者と弱者の格差がいっそう拡大し、不平等をさらに広めています。食料、農業、そして地域の問題も容易に解決できないことが山積みです。そうした意味から弊社は、従来の農業書を中心としながらも、さらに生活文化の発展に欠かせない諸問題をブックレットというかたちで、わかりやすく、読者が手にとりやすい価格で刊行することと致しました。

この「JC総研ブックレットシリーズ」もその一環として、位置づけるものです。

課題解決をめざし、本シリーズが永きにわたり続くよう、読者、筆者、関係者のご理解とご支援を心からお願い申し上げます。

2014年2月

筑波書房

JC総研 [JC そうけん]

JC（Japan-Cooperative の略）総研は、JA グループを中心に4つの研究機関が統合したシンクタンク（2013 年 4 月「社団法人 JC 総研」から「一般社団法人 JC 総研」へ移行）。JA 団体の他、漁協・森林組合・生協など協同組合が主要な構成員。

（URL：http://www.jc-so-ken.or.jp）